U0947340

原产中国

独特又宝贵的植物

迟翔 王丹彤 编著　　赵赵渔夫 绘

中国大百科全书出版社

图书在版编目（CIP）数据

原产中国．独特又宝贵的植物 ／ 迟翔，王丹彤编著 ；赵赵渔夫绘．-- 北京 ：中国大百科全书出版社，2025．6．-- ISBN 978-7-5202-1851-1

Ⅰ．Q958.52-49；Q948.52-49

中国国家版本馆CIP数据核字第2025U6P565号

原产中国——独特又宝贵的植物

出 版 人	刘祚臣	电　　话	010-88390786
责任编辑	吴　泱	印　　装	北京瑞禾彩色印刷有限公司
美术编辑	李　红	开　　本	889mm×1194mm 1/16
责任校对	邢　琳	印　　张	3.25
责任印制	魏　婷	字　　数	54千字
封面设计	郑媛媛	版　　次	2025年6月第1版
出版发行	中国大百科全书出版社	印　　次	2025年6月第1次印刷
网　　址	http://www.ecph.com.cn	印　　数	1—6000册
地　　址	北京市西城区阜成门北大街17号	书　　号	ISBN 978-7-5202-1851-1
邮政编码	100037	定　　价	118.00元

你听植物说……

目　录
contents

白皮松

【拉丁学名】*Pinus bungeana*

【科】松科

【属】松属

【原产地】中国甘肃、陕西、山西、河南、四川、湖南、湖北等地

濒危
EN

树皮呈不规则鳞片状脱落

高达30米，胸径达2～3米

白皮松，又称白骨松、三针松、白果松、虎皮松、蟠龙松、蛇皮松，因其斑驳美观的灰白色树皮而得名，是中国特有的常绿乔木。它们喜欢阳光，一般生长在海拔500～1800米的地带，不怕土地贫瘠，也不怕天气寒冷干燥，树高可达30米，寿命长达数百年。

人工种植的白皮松种子能榨油，球果可入药，木材还能加工成漂亮的家具，是一位名副其实的“全能王”！

在北京市北海公园团城内承光殿东南侧有一棵树龄800年左右的白皮古松。这棵白皮古松可不简单，它树形挺拔潇洒、气宇轩昂，好像一位身披白色战袍的威武将军，清代被乾隆皇帝御封为“白袍将军”！据说，自明嘉靖(1522—1566)以来，皇宫每年要拿出一定数额的经费用于这棵树的保护，可见“白袍将军”的地位之高。我们也要行动起来，向先人们那样树立起保护古树的意识！

德保苏铁

【拉丁学名】*Cycas debaoensis*

【科】苏铁科

【属】苏铁属

【原产地】中国云南、广西等地

极危
CR

德保苏铁又名秀叶苏铁、百色苏铁、泮水苏铁，属常绿木本植物，最早出现于3亿多年前的古生代，生长于石灰岩山地和由砂页岩发育而来的土山中。德保苏铁树干大部分生长在地下，地上部分高40～70厘米。它的叶子和一般的苏铁属植物不一样，看上去和竹叶相似。德保苏铁和人类一样也有性别之分，我们只有在植株顶部长出球花时才能一眼分辨它们的性别。

雄球花，形似特大号“老玉米”

雌球花，花形大，样子美丽、壮观

叶柄长0.8～1.4米，带刺

苏铁类植物是亟待保护的濒危孑遗植物，全世界约有53%的苏铁种类被列入世界自然保护联盟濒危物种红色名录，是全球生物多样性保护的“旗舰物种”。相较于其他苏铁类植物，德保苏铁保留了更多原始苏铁的物种特征，对研究气候变化、物种演化、保护生物多样性等具有重要的意义。

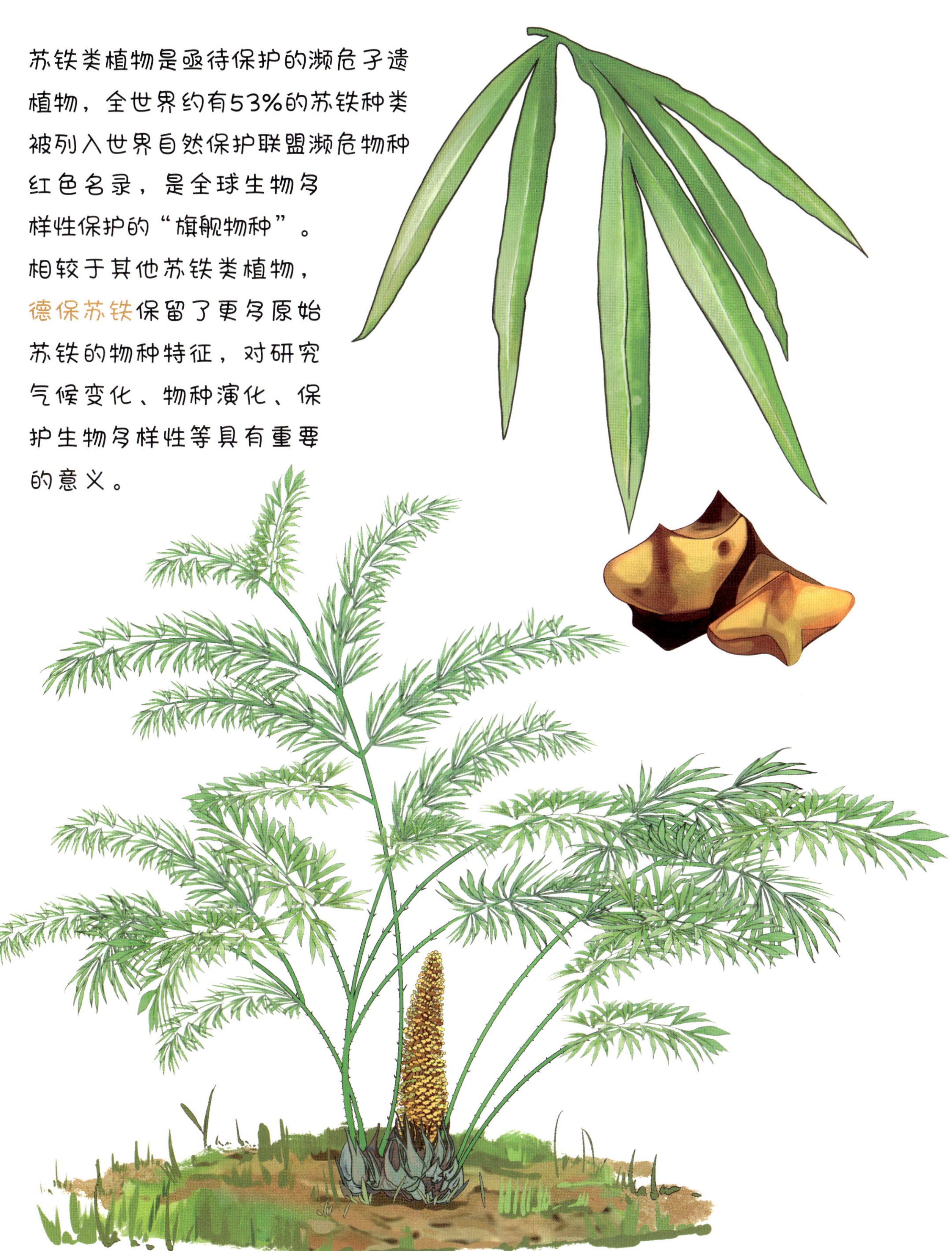

德保苏铁雄株

地枫皮

叶

【拉丁学名】*Illicium difengpi*

【科】五味子科

【属】八角属

【原产地】中国云南、广西

濒危
EN

花

地枫皮是一种常绿灌木，主要生活在广西西南部地区，喜欢在喀斯特石山山顶的裸岩及半裸岩山地上安家。周身独特的八角芳香气味是大自然赋予它的独特印记。由于生境退化和过度采集，地枫皮如今面临着灭绝威胁，被列为国家二级重点保护野生植物。

树皮

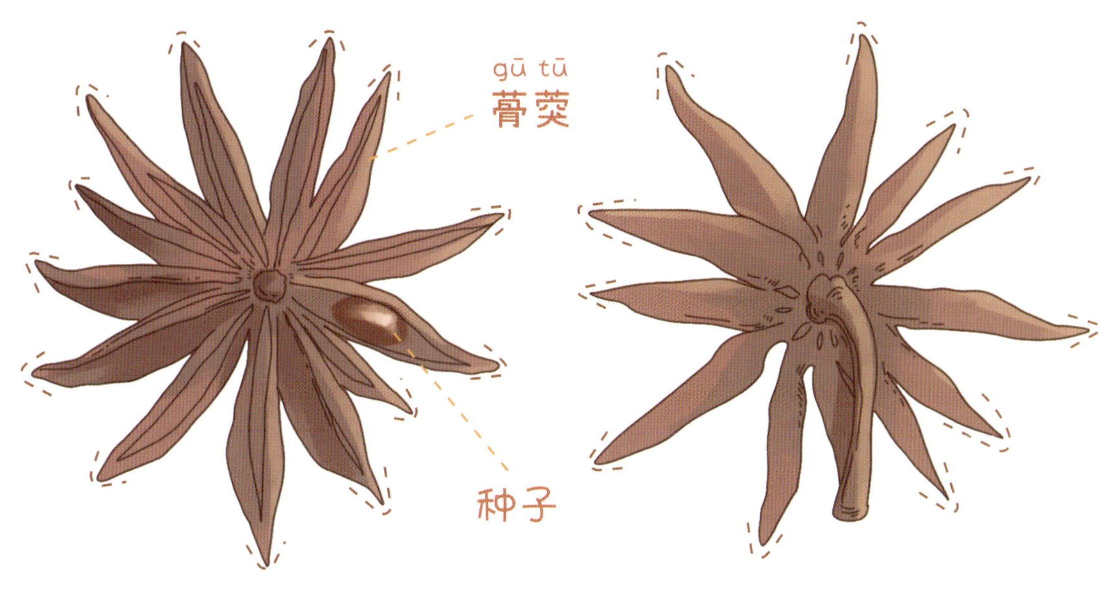

地枫皮的茎皮和根皮晒干后能制成祛风除湿、行气止痛的中药材，可以帮我们治疗风湿关节疼痛和腰肌劳损呢！

果

在我们的日常生活里有一样调味料长得和地枫皮的果实十分相似，你知道是什么吗，快去厨房里找找吧！

滇铁榄

滇铁榄，又称滇假水石梓，是生活在云南东南部和贵州大麻山的小精灵。

滇铁榄的树形美丽，纹理很直，具有一定的观赏性。它还有一位好朋友叫革叶铁榄，看看下面这两幅图，你能发现它们的花有什么区别吗？

滇铁榄花

革叶铁榄花

濒危
EN

【拉丁学名】*Sinosideroxylon yunnanense*

【科】山榄科

【属】铁榄属

【原产地】中国云南、贵州

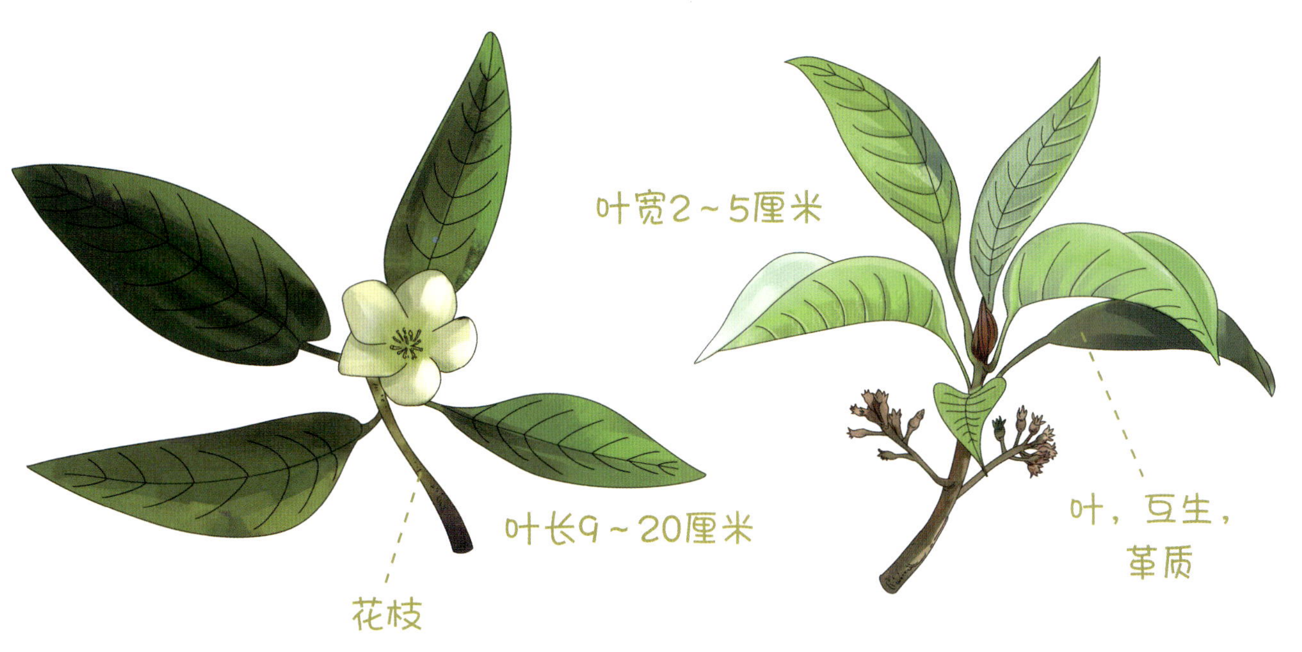

在云南，滇铁榄最喜欢在海拔1000～1550米的地方生长，那里有很多密密的树林和美丽的池塘。在贵州，它会在海拔1200米的山腰灌木丛中和朋友们玩耍。但现在，滇铁榄的家园被破坏，朋友越来越少，它已经被世界自然保护联盟列入了濒危物种的名单。滇铁榄是维持生物多样性和生态平衡不可缺少的一部分，我们要好好保护它，让它能快乐地生活下去。

杜仲

【拉丁学名】*Eucommia ulmoides*

【科】杜仲科

【属】杜仲属

【原产地】中国陕西、湖北、四川、河南、贵州等地

野外灭绝 EW

植株具丝状胶质

雌花

杜仲是杜仲科杜仲属唯一的落叶乔木，又称胶木、木棉、思仲、丝棉皮、扯丝皮。早在200万年前，世界上就出现杜仲了，第四纪冰期来临后，杜仲逐渐在其他地区消失，仅在我国中部存活下来。

作为我国特有的“化石级”树种，杜仲生命力顽强，在-30℃的严寒中也能生存，无论是瘠薄的红土还是岩石峭壁，它都能扎根生长。杜仲和人类一样也分男女，我们可以通过花朵来辨认它们的性别。

雄花枝

杜仲浑身都是宝，花叶可制茶，树皮可药用，杜仲胶能制橡胶，树叶打碎后可掺入鸡鸭的饲料，因此它被人们称作“植物黄金”。

虽然自20世纪50年代我国就已人工引种栽培杜仲，但实际上杜仲在野外早已灭绝。野外灭绝是很难逆转的，一个物种一旦灭绝，不仅意味着其基因、文化和科学价值的丧失，甚至会引发10种至30种其他生物的灭绝，打破生态系统的稳定。

粉蕾木香

极危
CR

【拉丁学名】*Rosa pseudobanksiae*

【科】蔷薇科

【属】蔷薇属

【原产地】中国云南（弥渡武邑村）

叶

粉蕾木香属蔷薇科蔷薇属攀援小灌木，仅分布于云南大理白族自治州的弥渡县，是我国特有物种。和其他蔷薇属的植物相似，粉蕾木香的枝上长有弯曲尖头的皮刺。叶子为羽状复叶，边缘有圆钝锯齿。花朵未开放之前呈粉黄色，因此叫“粉蕾”，盛开后花瓣为白色，十分美丽。

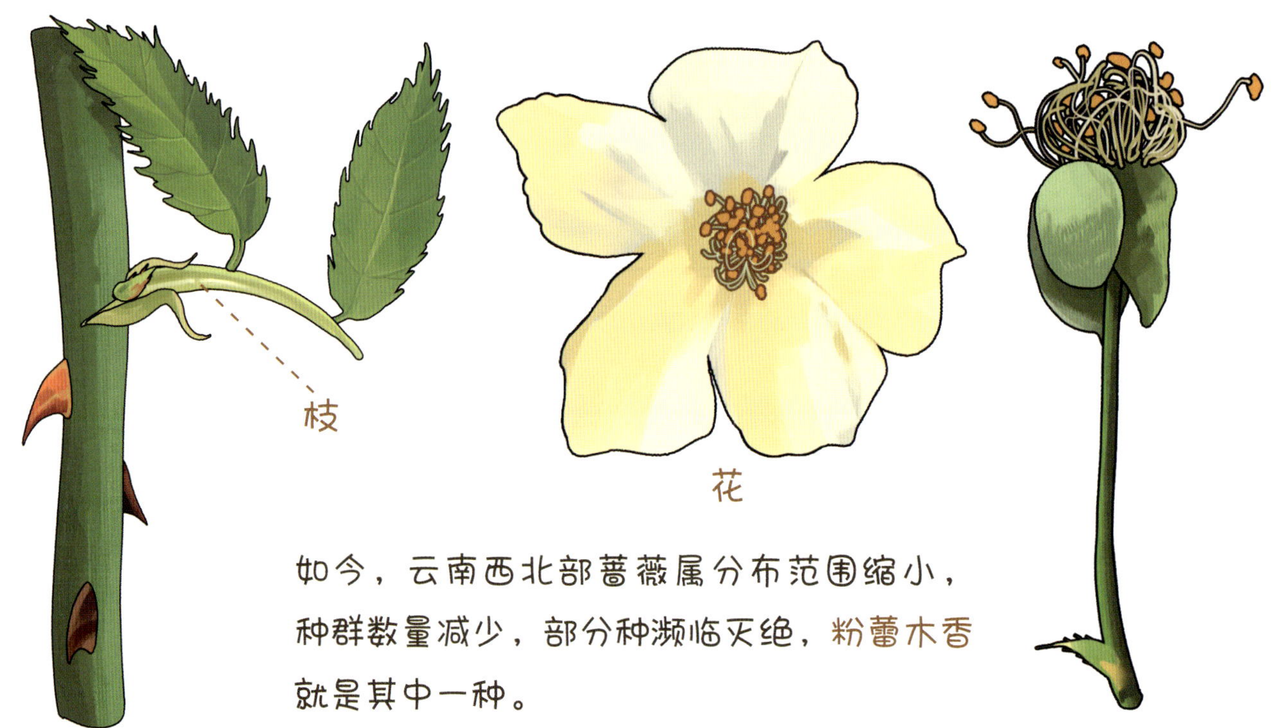

如今，云南西北部蔷薇属分布范围缩小，种群数量减少，部分种濒临灭绝，粉蕾木香就是其中一种。

中国古人很有智慧，用不同的名字来表示蔷薇属不同的植物，如玫瑰、月季、木香、蔷薇等，而在英文中它们均为同一个词“rose”，为了准确分辨不同物种，生物学上用拉丁文的双名法来命名每一个特定物种。中国原产的蔷薇植物特别是月季花、香水月季等在创造现代蔷薇新品种中起着重要的作用。我们在花店里买到的，通常并不是严格意义上的“玫瑰”，而是现代月季。

花

光叶蕨(jué)

光叶蕨又名“二郎山神草”。1963年，植物学家王文采在四川省雅安市天全县二郎山的团牛坪一带潮湿的溪边陡崖石头上找到了这种地表只有一片叶子、根深不到2厘米的神秘植物。

濒危
EN

【拉丁学名】*Cystopteris chinensis*

【科】冷蕨科

【属】冷蕨属

【原产地】中国四川西部

孢子囊群圆形，每裂片一枚

孢子(放大)

光叶蕨叶子很薄，长约40厘米，长着30对左右的羽片，羽片最宽处只有8厘米，盛放种子的孢子囊就长在羽片上，这几乎就是一株光叶蕨的全部！

光叶蕨在被首次发现后的30多年里，几乎一直处于“隐身”状态，直到21世纪才有科研人员再次发现它的踪迹。

这种神秘小“草”对生长环境很是挑剔，喜欢生活在海拔2300~2500米相对较高的地方，不喜欢阳光，却对雨水有着偏执的喜爱，潮湿、多雾的仙境是再好不过的，它们通常在溪沟附近的岩壁上与苔藓作伴。

荷叶铁线蕨

【拉丁学名】*Adiantum nelumboides*

【科】凤尾蕨科

【属】铁线蕨属

【原产地】中国重庆

濒危
EN

孢子囊沿叶边分布

荷叶铁线蕨又称“荷叶金钱草”，是亚洲铁线蕨科植物中唯一的单叶型植物，也是中国铁线蕨科最原始的类型。

荷叶铁线蕨主要生长在三峡库区温暖湿润的山脊、崖壁和灌丛中，喜湿润环境却又不能积水，喜光照又要避免阳光直射，如此“娇生惯养”使得它自身繁殖困难。荷叶铁线蕨不仅十分好看，而且全株都可药用，人为的干扰导致其种群数量急剧减少，野生的荷叶铁线蕨已濒临灭绝。

叶片圆形，叶面可见1～3个同心圆圈

2002年，科研人员对三峡库区特有的国家一级保护植物荷叶铁线蕨开展抢救性迁地保护，经过20多年不懈努力，首批野外保育性回归达8000株，成活率达90%以上，标志着这一濒临灭绝的物种成功回归自然，也是我国首次成功实现荷叶铁线蕨批量野外回归。

虎颜花

虎颜花，又称大莲蓬、熊掌，是中国特有的草本植物，它只生长在广东的西南部。虎颜花很害羞，喜欢生活在海拔400～600米的山谷里，那里有大树为它遮阳，还有小溪、河流和岩石为它提供阴凉潮湿的家。

【拉丁学名】*Tigridiopalma magnifica*

【科】野牡丹科

【属】虎颜花属

【原产地】中国广东

濒危
EN

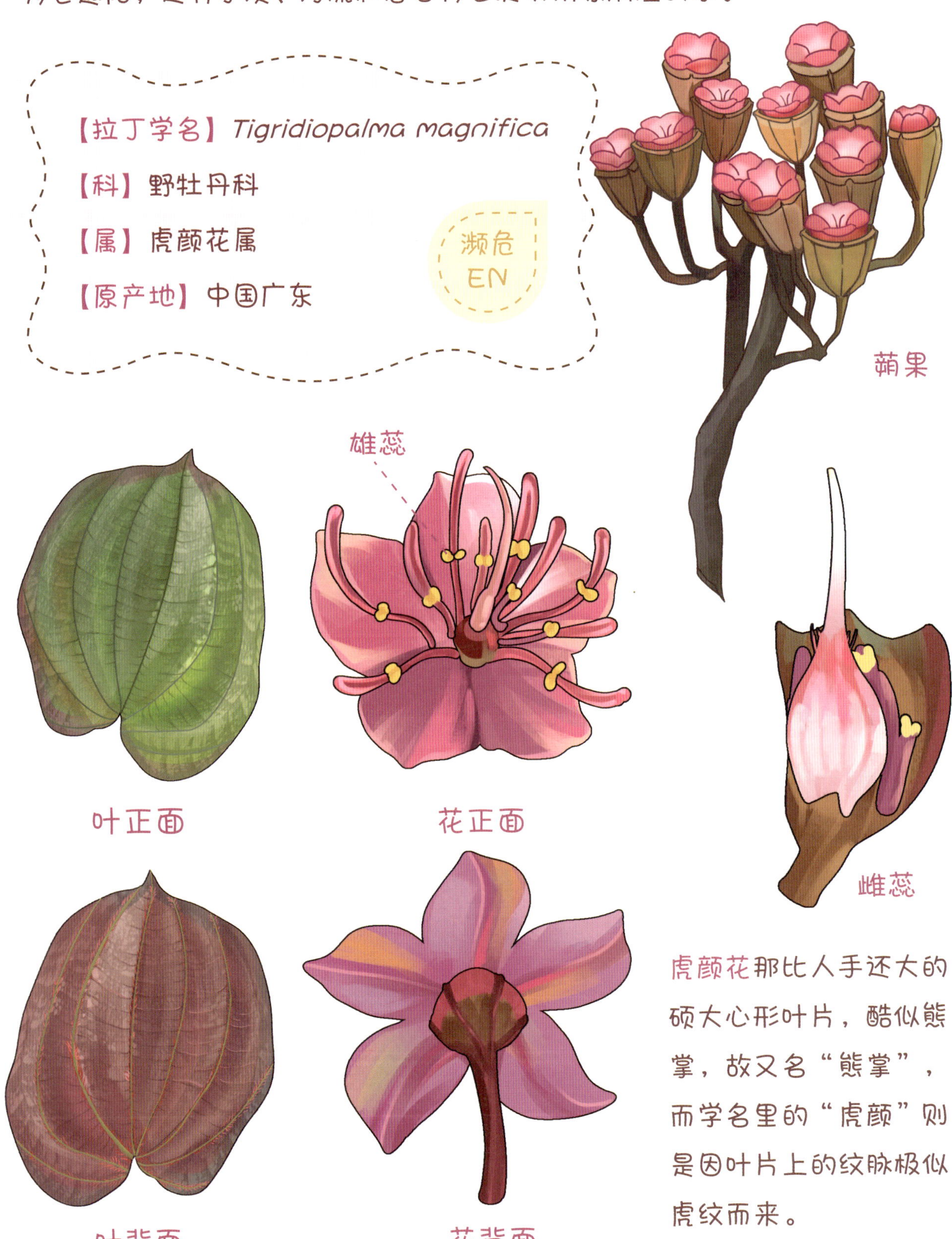

虎颜花那比人手还大的硕大心形叶片，酷似熊掌，故又名“熊掌”，而学名里的“虎颜”则是因叶片上的纹脉极似虎纹而来。

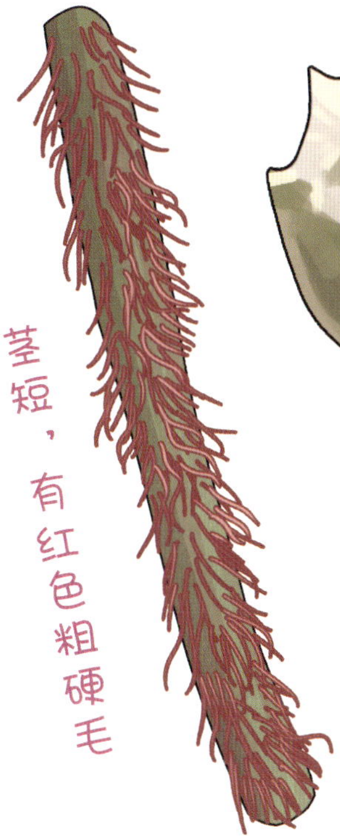

茎短，有红色粗硬毛

虎颜花是一种罕见的野生观赏植物，深绿色的巨大叶片十分霸气。和叶子相比，紫红色的花朵则小巧玲珑多了，点缀在绿叶中间，仿佛是被猛兽守护着的小精灵一般！

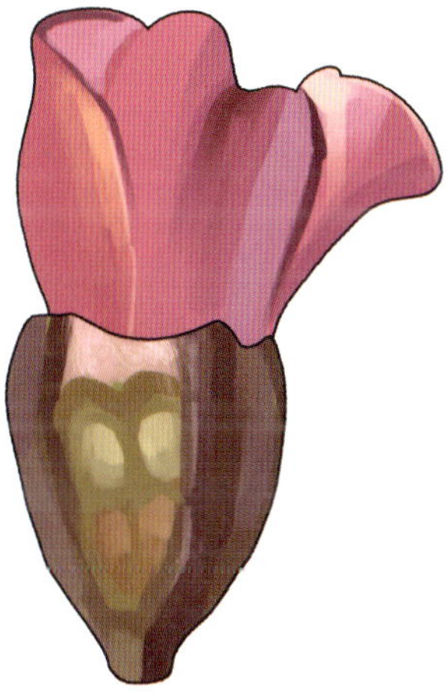

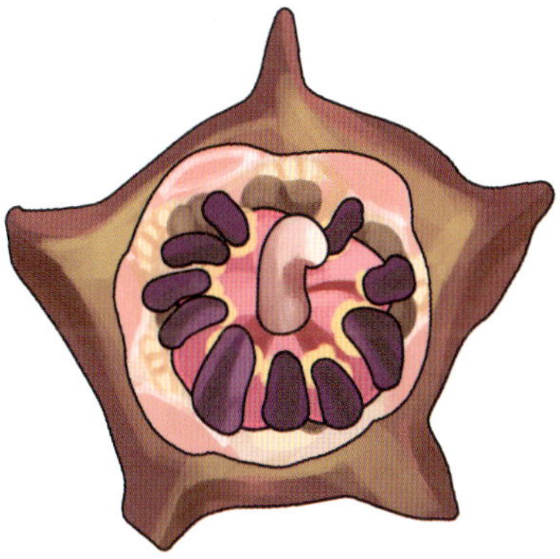

子房

花斑烟杆藓(xiǎn)

【拉丁学名】*Buxbaumia punctata*

【科】烟杆藓科

【属】烟杆藓属

【原产地】中国陕西、四川、云南、西藏

花斑烟杆藓是中国特有的一年生藓类植物，生长在海拔3000～3900米阴冷潮湿的地方。它虽然没有真正的根系，却能牢固地着生于针叶林里那些腐倒木或枯立木上。这些倒木虽然自身腐朽，但却给花斑烟杆藓提供了一个舒适的家。花斑烟杆藓长得特别有趣，孢子体形似烟斗，极具辨识度，如果有缘大家可以在九寨沟找到它的身影。

花斑烟杆藓在植物的世界里可是独一无二的！它的原丝体特别发达，配子体极度退化，孢子体高度分化，这种特殊的生物学特征使得它在植物分类学和生态学研究中具有极高的价值。然而，人类砍伐森林及移除林下倒木等活动干扰和破坏了它的生长环境，花斑烟杆藓在野外已经越来越难见到，是中国首批珍稀濒危苔藓植物，需要我们的特别关心和保护！

华盖木

华盖木是中国特有的单种属植物，因树干挺直、树冠形如华盖而得名，生活在海拔1300～1600米的山沟常绿阔叶林中。别看它个子高高大大，其实性格十分内向，它们在自然环境下很难交友与繁衍，只在云南西畴、马关、屏边、河口和金平等地能见到它们的身影。

华盖木起源于1.4亿年前，是目前世界上保存数量最少、最古老的木兰科珍稀濒危植物，它像一位古老的祖先，保存着地球生命绵延不息的密码。

高达40米

科研人员通过就地保护、迁地保护、人工繁育培植等多种措施帮助华盖木繁衍生长。如今，华盖木种群数量已由最初发现时的6株增长到1.5万株。

霍山石斛(hú)

【拉丁学名】*Dendrobium huoshanense*

【科】兰科

【属】石斛属

【原产地】中国安徽

濒危
EN

霍山石斛是兰科石斛属多年生草本植物，俗称米斛，早在1700多年前就有关于霍山石斛的记载，历史十分悠久。霍山石斛大多生长于安徽省霍山县大别山腹地海拔250～1200米的悬崖峭壁间和参天古树上。霍山石斛对生长环境要求极高，需要水源充沛，气候湿润，常年云雾缭绕，光照度较弱，因此它的自然产量极为稀少。由于霍山石斛的茎可以制成名贵中药，人们长期过度采挖，如今野生的霍山石斛几乎绝迹。

唐代开元年间的《道藏》将石斛、天山雪莲、三两重人参等誉为“中华九大仙草”，而石斛则被列为“九大仙草”之首，霍山石斛更是有“皇帝草”的美称。之所以叫它“皇帝草”，是因为它一直是历代帝王的专享贡品，相传皇帝们为了长生不老而用霍山石斛炼制长生丹。虽然长生不老只是一个传说，但霍山石斛的确有补益脾胃、增强免疫力等功效，是货真价实的“仙草”。

冀北翠雀花

【拉丁学名】*Delphinium siwanense*

【科】毛茛科

【属】翠雀属

【原产地】中国河北

濒危
EN

冀北翠雀花，大多生活在河北崇礼海拔1300～2100米间的山地草坡或河滩灌丛中。它的茎粗壮、上部分支多，花瓣狭长并前伸，紫色的花朵看起来就像一群在枝头欢快翻飞的雀鸟。

冀北翠雀花有毒，不易养活，如果你们真的很喜欢它，那就在野外远远地欣赏吧，不要打扰它，让它在大自然中自由快乐地生长！

崇礼作为冬奥圣地，除了能滑雪，还能赏花，其中最有特色的就是冀北翠雀花了，崇礼是这种植物的最早采集地。1862年，法国的谭卫道神父在崇礼（那时叫西湾子）采集到这种植物的标本，并寄到法国巴黎，植物学家弗朗歇鉴定后把它命名为“冀北翠雀花”。1866年，谭卫道神父还在北京皇家猎苑发现了麋鹿，并把活的麋鹿带回了欧洲，现今我国的麋鹿也是从欧洲重新引进的。

蓇葖及种子

枯鲁杜鹃

【拉丁学名】*Rhododendron adenosum*

【科】杜鹃花科

【属】杜鹃花属

【原产地】中国四川

极危
CR

枯鲁杜鹃是一种灌木植物，主要生长在四川西南部海拔3350～3550米的松林中，由美国植物学家洛克于1929年在四川西南部的枯鲁山区首次发现，1978年才被正式命名，属于典型的极小种群野生植物。

紫红色的斑点

目前我国野外生长的枯鲁杜鹃不仅数量极其稀少，而且生长速度缓慢，从幼苗到成株至少需要30年，保护它们需要几代人共同的努力。

自1929年以来，国内外科研人员从未停止过对枯鲁杜鹃的考察，但一直没有人找到它的倩影，因此枯鲁杜鹃一度被宣布为野外灭绝。功夫不负有心人，在90多年后的2020年，中国科学院昆明植物研究所的科学家们，在四川省木里县一个悬崖上，看到了正值盛花期的枯鲁杜鹃。那一天刚好是5月22日——“世界生物多样性日”。

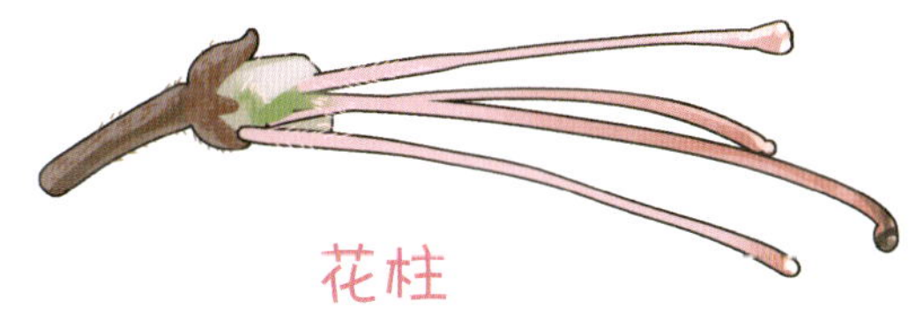

枯鲁杜鹃的重新发现，就像是我们找回了一位失散多年的朋友，它的回归让我们的大自然更加丰富多彩。

普陀鹅耳枥

普陀鹅耳枥是一种高大落叶乔木，由植物学家钟观光于1930年在浙江普陀山海拔240米处发现，并于1932年由林学家郑万钧鉴定及定名。目前世界仅存1株普陀鹅耳枥野生植株，它位于浙江舟山普陀山风景区的佛顶山慧济寺西侧，树龄约250年，被列为国家一级重点保护野生植物，有“地球独子”之称。

普陀鹅耳枥虽然雌雄同株，但是雌雄两种花的“见面”时间太短，导致授粉极难，因此普陀鹅耳枥在野生状态下繁衍很是困难。科学家们为了让它有更多的同伴，想出了一个好办法。在2011年9月29日那天，普陀鹅耳枥坐上了“天宫一号”飞行器，去遥远的太空冒险！太空的特殊环境或许能让它的种子发生变异，从而提高繁育能力。如今，人工繁育的普陀鹅耳枥已经有4万棵，曾经的“地球独子”已然变成了“子孙满堂”的大家族！

果苞

果实

润楠

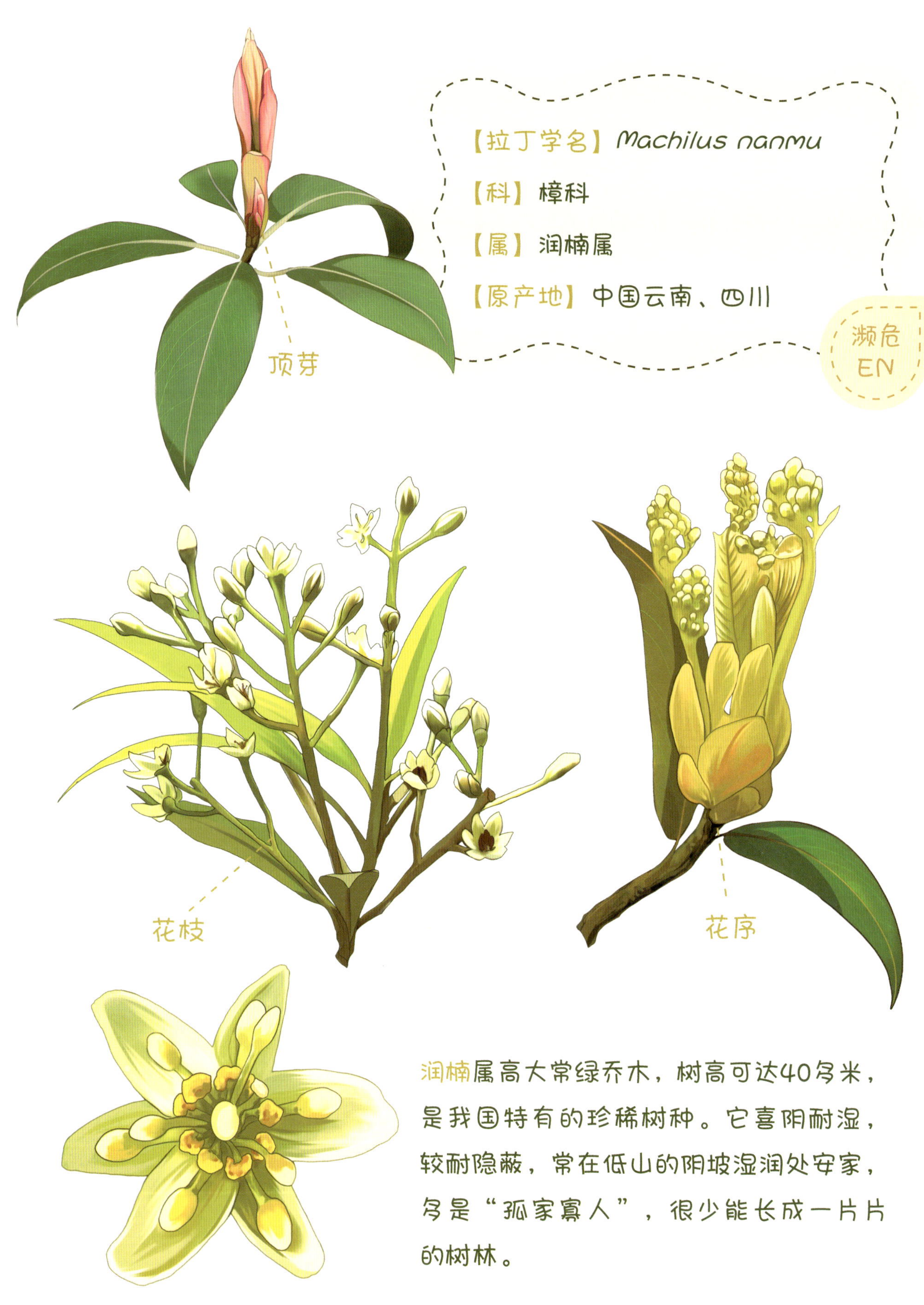

润楠属高大常绿乔木，树高可达40多米，是我国特有的珍稀树种。它喜阴耐湿，较耐隐蔽，常在低山的阴坡湿润处安家，多是“孤家寡人”，很少能长成一片片的树林。

润楠树干笔直挺立，枝干虬曲苍劲，树冠枝繁叶茂，远看就像一把绿色的巨伞。4～6月，我们能看到润楠开出淡绿色的小花，6～8月扁球形的果实就挂满枝头了！

楠木类树种为我国著名的珍贵树种，楠木被列为“四大名木”（楠、樟、梓、椆）之首，素有“木材贵族”的美称，楠木作为“皇木”和“国木”，自古被作为权贵的专属木材。由于它们自然更新困难，野生资源稀少，如今黔南润楠、雁荡润楠、龙眼润楠等我国特有种均为濒危植物，亟待保护。

水杉

水杉，本种为水杉属（*Metasequoia*）唯一现存种，是中国特有的珍贵孑遗树种，被第一批列入国家一级保护野生植物名录。远在中生代白垩纪，地球上没有人类，到处是恐龙的时代，就已经出现了水杉类植物，它们广泛分布于北半球，但在冰期以后，这类植物几乎绝迹，仅中国仍有分布，因此水杉有植物王国"活化石"之称。

水杉天然分布于湖北、重庆、湖南交界的利川、石柱、龙山三县的局部地区，自1948年以来，水杉栽培范围不断扩大，还被引种至世界上很多国家和地区，遍及亚、非、欧、美等洲。现在，人工培育的水杉可用于公园、庭院营造风景林，也可以做成家具、板材等，是人类的好朋友。

土沉香

土沉香又称沉香、白木香、牙香树，是一种四季常绿的乔木，生长在海拔较低的山地、丘陵和阳光充足的树林里。土沉香树在受到伤害（微生物入侵、火烧、雷劈、打孔等）后，心材部位会缓慢形成带有浓郁香气的树脂，即沉香，沉香可以制成香料及药物。目前，华南地区野生的土沉香种群不断减少，土沉香被列为国家二级重点保护野生植物。

· 土沉香与香港之名 ·

据说，宋代，东莞一带及香港的新界沥源（沙田）及沙螺湾（大屿山西面）大量种植土沉香。当时，香农将土沉香的产品——琥珀状、半透明的香块（又称“莞香”）从陆路运到尖沙头（即今日的尖沙咀），再用舢舨运往石排湾（即今日的香港仔），再转运至其他地区。因此，石排湾这个贩运香品的港口被称为“香港”，即“香的港口”，后来“香港”更成为整个海岛的名称。

土沉香药材

新疆阿魏

【拉丁学名】*Ferula sinkiangensis*

【科】伞形科

【属】阿魏属

【原产地】中国新疆

濒危 EN

新疆阿魏是多年生草本植物，生长于海拔850米左右环境严酷的荒漠地带，是一位坚强的“小勇士”。它不怕干旱，爱晒太阳，害怕积水。新疆阿魏从种子萌发到开花结果，往往要经历十年左右的磨砺，并且一生只开花结果一次。由于多年以来的垦荒、环境恶化、不合理的滥采滥挖等，野生阿魏已濒临灭绝。

新疆阿魏具有很高的药用价值，它有两个部位可以药用，一是根茎部提取的阿魏酸，是生产治疗心脑血管疾病药品的基本原料；二是茎秆分泌的树脂物阿魏胶，能用来治疗消化不良、胃病、风湿性关节炎等病症。

银杏

【拉丁学名】*Ginkgo biloba*

【科】银杏科

【属】银杏属

【原产地】中国浙江

濒危
EN

银杏，又称白果树、公孙树，是中国的特有树种，也是银杏纲(目)中繁衍至今唯一的幸存种。银杏的适应性非常强，在－32.9℃的极端温度和湿热的气候里都能生长。它们生命力顽强，寿命很长，有的银杏甚至能活上千年，仿佛历史的见证者，因此银杏也被人们誉为“活化石”。

种子

果

银杏不仅好看，还有很强的实用性，种子有止咳、抗菌的辅助功效，木质轻软能做家具……等秋天到了，让我们捡起金黄的银杏叶，一起感受生命的韧性和美丽吧！

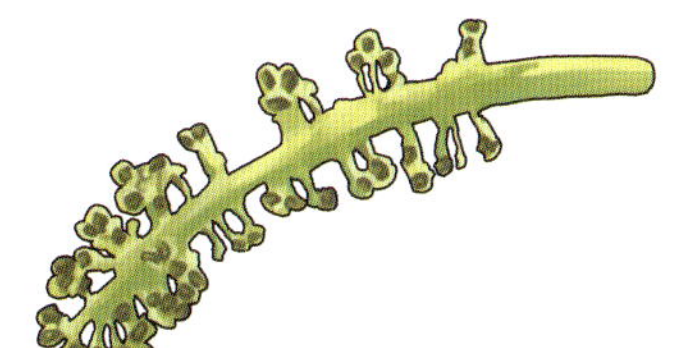

雌球花上端

叶，扇形

银杏树的叶子长得好像一把扇子，叶片连接着长长的叶柄，看上去就像小鸭子张开蹼的脚，非常可爱，古时候人们亲切地叫它“鸭脚”。北宋文学家欧阳修在《梅圣俞寄银杏》这首诗中写道：“鹅毛赠千里，所重以其人。鸭脚虽百个，得之诚可珍。”抒发了朋友之间礼轻情意重的真挚情谊。

云南藏榄

云南藏榄属高大乔木，树形优美，树干挺拔，仅天然零星分布于云南西南部，为中国特有的珍稀常绿树种，也被称为“植物大熊猫”。云南藏榄生长在海拔1100米左右的险峻低热沟谷地带，需要生长30～50年才会开花结果，结果周期也不固定，是典型的“晚婚晚育”物种。而它的种子为顽拗性种子，肉质有香气，常常还未萌发就变成了鸟类的食物，因此云南藏榄在自然条件下的繁育更新十分困难。

云南藏榄是我国所产两种藏榄属植物中，唯一在国内有凭证标本的藏榄属物种，具有很高的学术研究价值。2005年，科研人员对它进行了抢救性迁地保护。直到2019年，迁地保护的云南藏榄终于首次开花结果，这意味着人们对这个特有极小种群野生植物的抢救性保护取得了成效。

qì

云南金钱槭

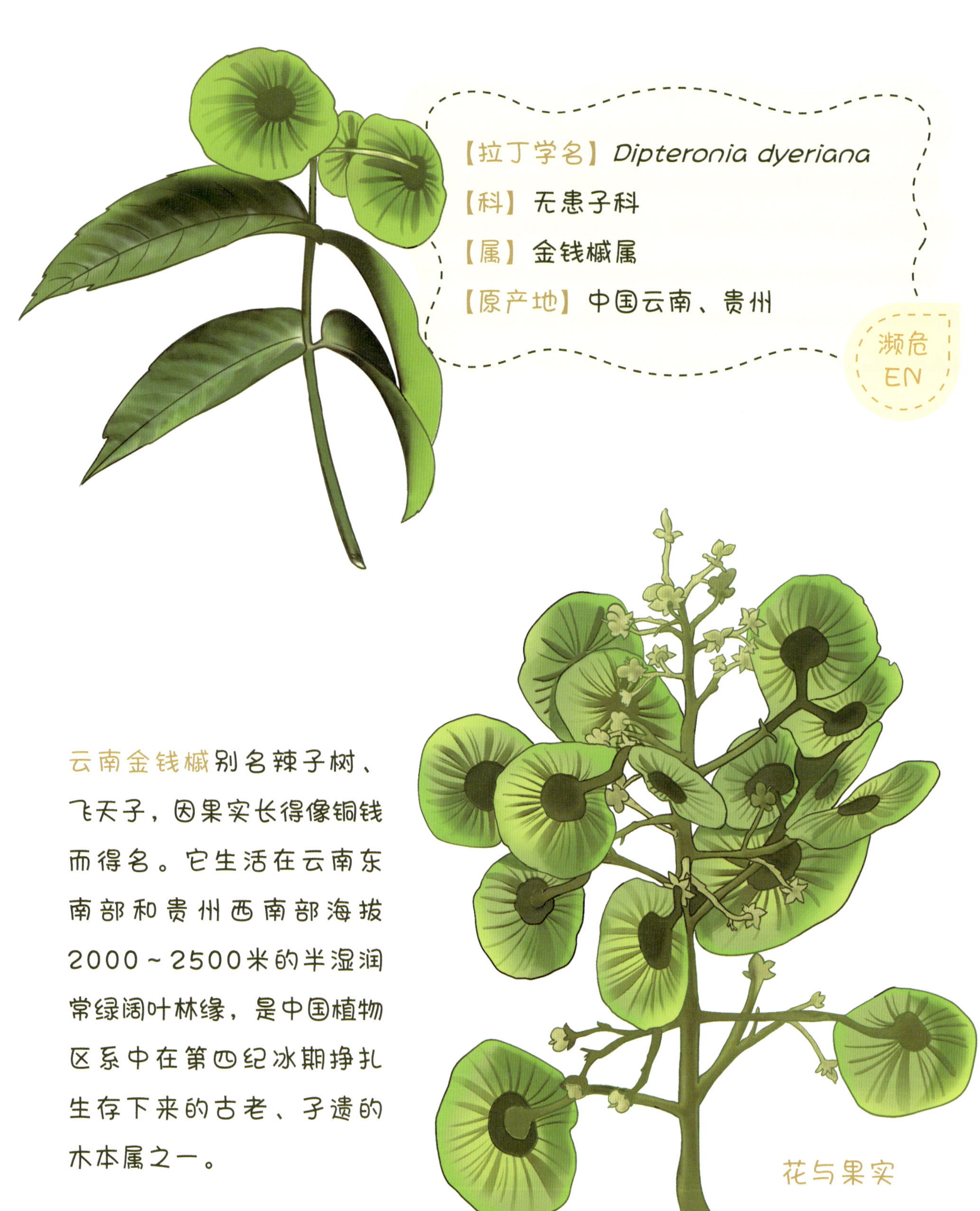

【拉丁学名】*Dipteronia dyeriana*

【科】无患子科

【属】金钱槭属

【原产地】中国云南、贵州

濒危 EN

云南金钱槭别名辣子树、飞天子，因果实长得像铜钱而得名。它生活在云南东南部和贵州西南部海拔2000～2500米的半湿润常绿阔叶林缘，是中国植物区系中在第四纪冰期挣扎生存下来的古老、孑遗的木本属之一。

花与果实

叶

成熟的果实

云南金钱槭和金钱槭是金钱槭属目前仅存的两个种，虽然是亲兄弟，但它们长得各有特点，金钱槭的圆锥花序无毛，云南金钱槭的圆锥花序有短绒毛。作为我国特有的珍稀濒危树种，云南金钱槭有重要的科研价值，科研人员在昆明植物园里帮它安了家，大家有机会一定要去那里看一看它！

中华水韭

中华水韭是多年生水生蕨类植物，有数亿年演化历史，可追溯到距今约3亿年的二叠纪，被誉为“活化石”“植物界的大熊猫”。中华水韭对环境要求较高，只生长在海拔100～300米的水质洁净且有活水来源无污染的沼泽湿地中。

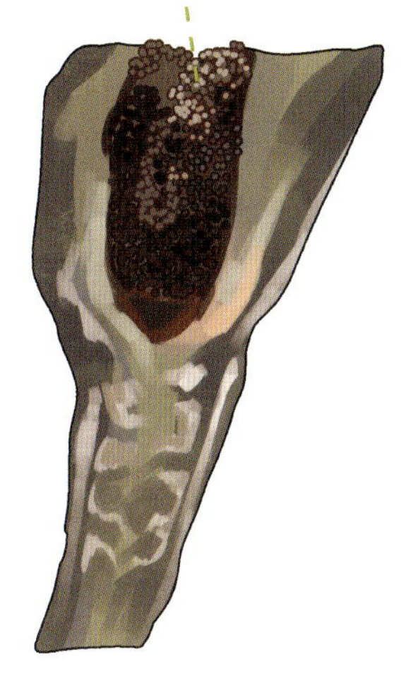

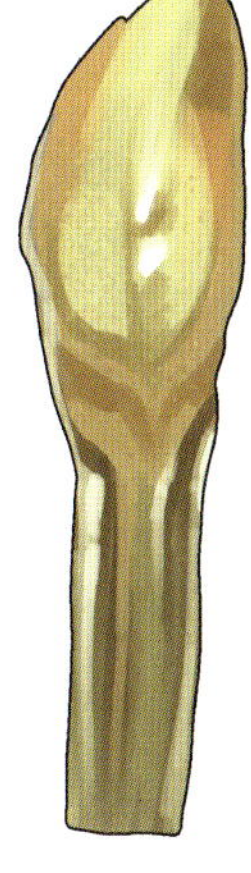

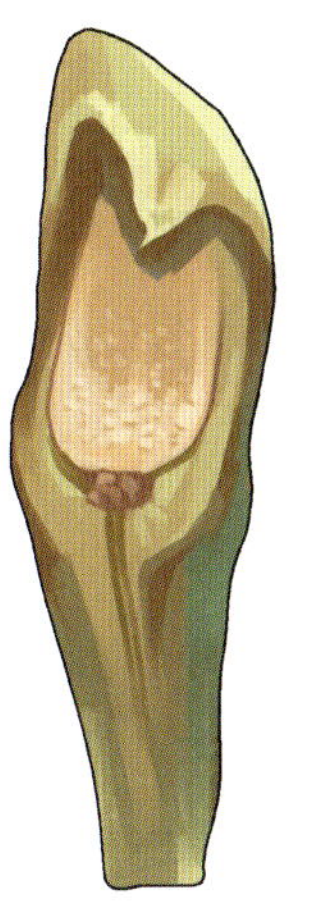

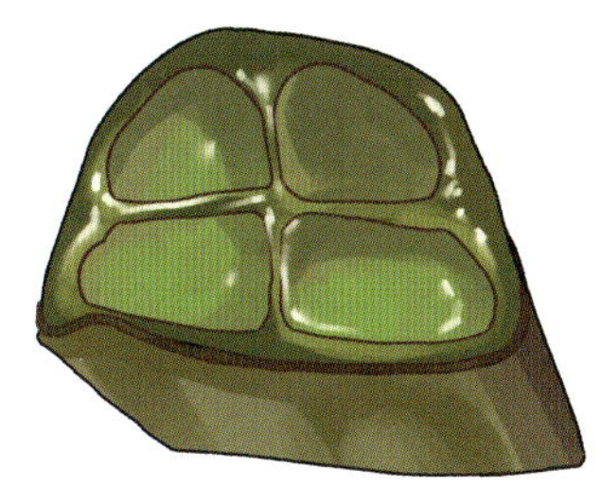

叶（剖面）

中华水韭是一种韭菜吗？

当然不是啦！

1.中华水韭的叶子呈圆柱状，叶舌为三角形，叶子宽度不超过3毫米。韭菜的叶子是扁平的，宽5毫米左右。

2.中华水韭是拟蕨类植物，孢子植物，比真蕨类植物还要古老，不开花不结果。韭菜却是有花的被子植物。

3.中华水韭生长在水里，没有味道，而韭菜则长在土里，有明显的气味。

你分清了吗？

悄悄话邮局

如果植物能收到你的信，你会对它说什么？